一脚踏进美食世界

美国世界图书出版公司 / 著　　柳玉 / 译

糖

电子工业出版社

Publishing House of Electronics Industry

北京·BEIJING

目 录

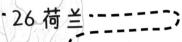

写在前面

　　这本书里有一些可以让你"一口吃遍世界"的美味菜谱。开始阅读之前，请先翻到第47页看一下温馨提示。仔细阅读书中的菜谱，在使用刀具或燃气灶时，记得一定要找成年人来帮忙。另外，团队协作会使做饭这件事变得更简单也更有趣。快来试试吧！

想不想来一场食物大冒险？就让我来做导游吧，带你踏上这段环游世界的美味旅程，让你对我有一个全方位的了解……

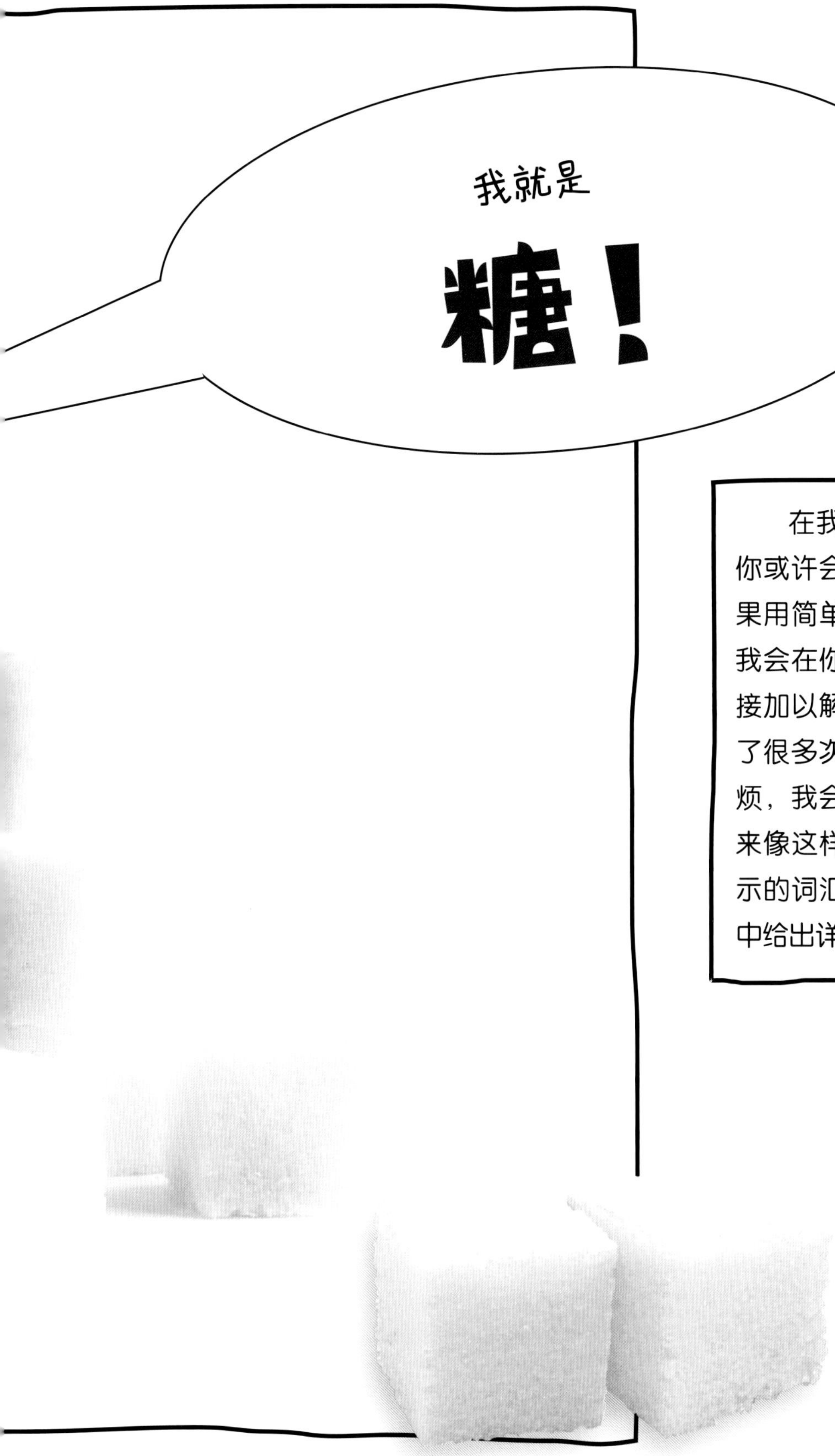

我就是

糖！

在我们环游世界的旅程中，你或许会遇到一些新的词汇。如果用简单的语言就能解释清楚，我会在你读到这个词语的地方直接加以解释；如果这个词语我用了很多次，或者解释起来比较麻烦，我会把它**加粗并变色**（看起来像这样的字体）显示。加粗显示的词汇会在本书末尾的词汇表中给出详细释义。

什么是
糖?

　　糖是一种可以使其他食物变甜的食物，可以撒在草莓上或者加在柠檬汁里增加甜味。很多甜的食物，比如冰激凌、果酱、饼干和糖果等，都有糖存在。其他一些即使不甜的食物，比如面包和花生酱里面也都有糖。从古时候开始，糖就以这样或者那样的形式遍布世界各地了。

在那遥远的地方！
　　人们已经在陨石和银河系的星际气体云中发现了糖的成分。

我无处不在哦！

几乎所有的绿色植物——想想水果和蔬菜——都会产生糖。有种常见的糖被称为**蔗糖**，甘蔗和甜菜是蔗糖的重要来源。从这些植物中提取的糖就可成为人们在糖罐里保存的糖。

你知道吗？ 食物里含有很多种类的糖，除蔗糖外，水果和蔬菜里也含有果糖；葡萄糖在植物性和动物性食物里都有；牛奶和奶酪里有乳糖；坚果和谷物里有麦芽糖。糖属于一种叫作**碳水化合物**的食物族群，碳水化合物能为动植物包括人类提供能量。糖吃起来好吃，但是吃多了对我们的健康没有益处哦。

近距离观察甘蔗和甜菜植株

甘蔗是一种在热带和亚热带气候中茁壮成长的高大型植物。甘蔗的茎里储存着蔗糖，这些纤维状的茎可以长到2~9米高，约5厘米粗。

甘蔗收割之后会被压碎、浸泡并挤压出甜汁。这些甜汁之后会被煮开，蒸发掉水分后，只剩下浓稠的糖浆。糖浆被放入机器中，当机器带着糖浆高速旋转时，糖的晶体会从其中分离出来产生粗糖。这时的糖是黄褐色的。

粗糖须经过漂洗、过滤、旋转和干燥后，才能成为我们餐桌上食用的纯净的白糖。

甜汁

甘蔗里近90%是甜汁，这种甜汁里含有高达17%的蔗糖。

甜菜生长在白天温暖、夜间凉爽的温带气候中，它长长的尖尖的白根重约0.7~1.4千克，其中约15%~20%是蔗糖。

收获之后，甜菜根被清洗、切片、浸泡以释放出甜汁。将甜汁过滤并蒸发掉水分就得到了浓稠的糖浆。将糖浆旋转干燥后就得到了砂糖。

浪费糖是一件很糟糕的事情！

未被开发的甜蜜

古巴比伦、古埃及和古希腊人种甜菜是为了吃它的叶子，像吃菠菜和厚皮菜一样。那时，他们还不知道甜菜有多甜。

根茎

甘蔗打败了甜菜！

约80%的糖来自甘蔗，约20%的糖来自甜菜。

八千多年前，开始种植甘蔗的

南太平洋

　　新几内亚人极有可能是最早种植甘蔗的人群。新几内亚是位于澳大利亚北部，太平洋上的一座较大的热带岛屿。一开始，人们咀嚼生甘蔗来品尝它的甜味，那时他们还不知道如何从甘蔗中提取糖分。如今，对于南太平洋的岛屿来说，甘蔗是一种重要的作物。

你知道吗？ 对你来说，嚼甘蔗比吃糖晶体要健康得多。甘蔗里含有重要的人体所需的矿物质和维生素，这些物质在生产糖的过程中失去了。

　　南太平洋上有很多岛屿，每一座岛屿都有自己独特的文化。但他们的烹饪都受到了一些欧洲、美洲和亚洲的影响。在斐济岛，一种叫作糖布丁的食物是人们的最爱，它可能是由英国人介绍到这里的。但不管一种食谱是从哪里传来的，食物在岛民的生活中都起着重要的作用，同时它也体现着岛民们的慷慨，游客们总是会被邀请过来和他们一起吃饭。

举起旗帜！

　　甘蔗对斐济来说太重要了，以至于出现在了斐济的国旗上。

甘蔗传入

菲律宾

菲律宾是一个由七千多座岛屿组成的岛国，甘蔗主要用于自用和出口。这里炎热、潮湿的气候对于甘蔗来说简直是完美的生长环境，对于享受像菲律宾特色冰激凌哈罗哈罗这样的冰爽甜点来说，亦是如此。

没有牛？没问题！

菲律宾岛上的奶牛很少，所以制作像冰激凌这样的冰爽甜点时，人们会巧妙地用其他的配料来代替牛奶。

哈罗哈罗是一种色彩斑斓的菲律宾式甜点。这种冰激凌酥脆又有嚼劲，是用刨冰搭配甜**炼乳**和紫山药、含糖棕榈果、甜豆子、椰子凝胶、荔枝、木薯珍珠和脆米片等食材制作而成的。发挥你的想象力，搅一搅，开始享用吧！

你好，菲律宾特色冰激凌！

甜蜜的竞争：
澳大利亚VS新西兰

为了搞清楚到底是谁发明了巴普洛娃蛋糕这一深受大众喜爱的甜点，澳大利亚和新西兰已经争论了很多年。巴普洛娃蛋糕是一种甜甜的雪白蛋糕，里面如**棉花糖**般绵软而外皮酥脆。这种蛋糕在制作时把蛋白和糖一起打发，形成一种制作蛋**白酥皮**的浓稠泡沫。蛋糕烤好之后，盖上打发好的奶油和水果即可。它是节日和特殊日子里的一种甜蜜的庆祝方式。

我可以跳支舞吗？

漂亮的芭蕾舞裙！

不管是哪个国家发明了巴普洛娃蛋糕，大家一致认为，它是以俄罗斯芭蕾舞演员安娜·巴普洛娃的名字命名的，因为这种蛋糕看起来就像一件白色的芭蕾舞裙。

糖支撑了蛋糕结构

在巴普洛娃蛋糕里，是糖使得蛋白酥皮可以保持它的形状和高度。没有糖的话，蛋糕就塌了。搅打面糊的过程中，面糊中加入了空气，使其体积变大；糖把鸡蛋中的水分子牢固地锁在一起，像胶水把泡沫状的混合物黏合在一起一样。

适合种植甘蔗的
古印度

印度的热带气候非常适合种植甘蔗，印度被认为是冰糖的发源地。一千六百多年前，印度人找到了一种用甘蔗茎制作糖粒的方法，这一过程使得糖的买卖变得更容易了。

我不介意变成果酱！

糖是酸辣酱里的一种配料。酸辣酱是像果酱一样的调料，用来给食物增加特殊风味。在印度，几乎每餐都佐有酸辣酱。它是用糖煮熟的水果或者蔬菜加上香料调味做成的，是印度薄饼恰巴提的绝佳佐料。

糖

糖这个字源于梵文（古印度语言）单词sharkara，意思是颗粒状的物质。

糖是一种防腐剂

糖可以用来保存水果，当水果和糖一起煮的时候，水果中的水分会被糖取代。没有水分，细菌就无法滋生，也就不能使水果坏掉。通过将水果和糖一起煮的方式，水果可以保存更长时间。

试试这个！

将一些新鲜的草莓做成搭配吐司的美味果酱吧！

草莓酱

分量：2杯

配料

2杯新鲜草莓，去除花萼和茎，清洗干净　　　2汤匙新鲜柠檬汁

¾杯糖

步骤

1. 请一位成年人帮忙，在一个平底锅里用中高火加热烹煮草莓、糖和柠檬汁，搅拌的时候将草莓捣碎。煮至果酱上面布满气泡，大约需要10分钟。当果酱像浓枫糖浆一样黏稠的时候，或者当温度达到104℃时，果酱就做好啦！
2. 冷却，用勺子把果酱装到一个有盖子的容器中密封。在冰箱里可以保存2周。

你知道吗？ 船员出海时通常会带着果酱。在长时间的航行中，船员需要补充维生素C，而他们可以通过吃果酱来获取维生素C。

其他甜味来源

除了蔗糖，甜味还有多种其他来源。当食谱中用到这些甜味配料时，它们会呈现出和糖不一样的味道和口感。下面是一些甜蜜的建议。

蜂蜜

蜂蜜是我们已知的最早的甜味剂，它是蜜蜂用一种含糖液体——花蜜做出来的。蜂蜜比糖甜25%到50%，有一种特殊的香味。用蜂蜜做的烘焙食品（例如蜂蜜小面包）湿润而紧实，比用白砂糖做的更容易上色。

花的力量

蜂蜜有三百多个品种，蜂蜜的颜色和味道取决于蜜蜂采的花蜜所属的花的种类。

让甜味比赛吧！

糖浆

糖浆是用制糖过程中剩下的材料做出来的，大概只含有50%的糖，所以没有那么甜。糖浆非常适合搭配像烤豆子和烧烤酱等咸味菜。把糖浆加到饼干面糊里，能增加饼干的湿润度和嚼劲。

枫糖

枫糖来自枫树的**汁液**，是一种无色的水状液体，人们把它煮成了黏黏的黑色糖浆。枫糖一般搭配煎饼和华夫饼吃，商家则用它来给糖果提味。它还可以用来为胡萝卜等食物制作美味的上色剂。

鼻屎糖？

鼻屎糖是一种用椰子浆和糖浆做的菲律宾糖果。这种黏黏的糖被装在一个木球里，因为吃的时候需要用手从球里把糖挖出来而得名。

甘蔗的种植和提纯从印度向东传入

中 国

在公元600年左右，糖成为中国菜中的一种常见配料，至今仍然如此，中国菜里经常会用到冰糖。中国东南部的广东省因盛产冰糖而闻名。冰糖通常是白色或淡黄色的不规则的块状糖，糖晶体可能宽至2.5厘米，做饭用到冰糖的时候可能需要把它敲碎。冰糖的口感很好，没有**焦糖**味，而且它没有蔗糖那么甜，可以用在茶、甜点、汤、酱汁、炒菜和腌肉中。

如今，中国是甘蔗和甜菜的生产大国。

好甜啊！

甜！

中国的五味之一就是"甜"，也被称为甘，其他四种分别是酸、咸、辛和苦。

你知道吗？

糖画是中国的一种传统美食。把糖在热锅上熔化，然后用勺子以糖在大理石板上作画。比较受欢迎的糖画形象有龙、鸟、鱼和猴子等。

焦糖会改变颜色和味道

随着糖的温度升高，它会经历一种叫作焦糖化的化学反应。在这一过程中，糖分子会分解成越来越小的分子，最终变成深棕色并产生一种更为复杂的味道。焦化冰糖常被用来烧制红烧肉这类经典菜肴，它可以使猪肉在烹制过程中更容易上色，呈现出一种让人垂涎欲滴的光泽感。

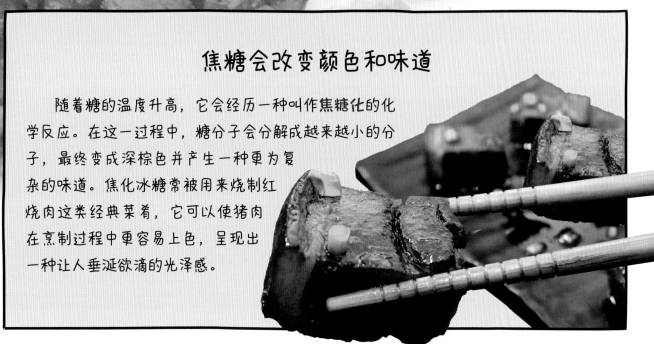

制作棒棒糖

既然你已经知道了冰糖，那我们接下来制作一种有趣的糖果——棒棒糖！

制作原理是把热水和冰糖混合在一起，当水和糖都变热的时候，水才能溶解所有的糖。随着热水蒸发，糖从混合液中析出并分离出来。在接下来的几天中，可以观察到糖晶体慢慢在木签上析出。加上食用色素，就能做出光彩夺目的美味棒棒糖了！

只加水就行了

糖果是把糖溶解于水中做出来的。不同的加热温度决定了糖果的种类：高温做出的是硬糖果；中等温度做出来的是软糖；低温做出来的是橡皮糖。

摇滚起来吧！

试试这个！

在这个食谱中，会用到温度非常高的液体，安全起见，请一位成年人来帮助你一起制作吧。

棒棒糖

配料

窄罐或者玻璃杯　　　　　1杯水　　　食用色素（选用）

木签（或者干净的木筷子）　　　　　衣夹

2~3杯冰糖

步骤

1. 把衣夹夹在木签中间。然后将衣夹两端放于玻璃杯的杯口边缘上，使木签悬空于玻璃杯内。木签底端距玻璃杯底大概2.5厘米的距离。如果木签过长，用剪子剪短至如图这个长度。把木签和衣夹取下，放置一边备用。

2. 请一位成年人帮忙把水倒入平底锅中，放到炉子上烧开。

3. 关火。往沸水中加入一勺糖，搅拌直至糖溶解。

4. 继续加糖，每次一勺，一勺完全溶解之后再加另一勺。如果需要，可以按照说明书加入食用色素。

5. 当水中不能溶解更多的糖时，冷却溶液。

6. 在溶液冷却过程中，将木签的下半部分放进去泡一泡，然后转动木签使其裹上一些糖。待木签完全冷却。

7. 把放凉的糖水倒入玻璃杯中。

8. 把衣夹重新放到玻璃杯上，确保上面的木签垂挂浸入溶液中，并且不接触杯壁。

9. 把玻璃杯和木签在一个温暖的地方放置几天，直至水完全蒸发。随着水分的蒸发，糖晶体就会在木签上结晶。接下来就可以享用你的棒棒糖了！

糖有很多不同的种类，它们在烹饪和烘焙中起着不同的作用。下面介绍几种在食谱中经常会用到的糖。

白砂糖

最常见的一种糖，以白色颗粒的形式出现。白砂糖可为烘焙食物增加甜度和湿度，也有助于其在烘焙过程中上色。白砂糖可以使糕点更加松软，还可以使一些饼干嚼起来咔嚓咔嚓响。

试试这个！

白砂糖是这个传统食谱里的明星！在节日或者平日里都可以享受这些柔软有嚼劲又闪闪发光的饼干。

闪闪发光的糖饼干

分量：48个

配料

2¾杯普通面粉

1½杯半白砂糖，再额外准备1碗

1茶匙小苏打

1茶匙发酵粉　　　　　1个鸡蛋

1杯软化过的黄油　　　1茶匙香草精

步骤

1. 把面粉、小苏打和发酵粉放在一个小碗里搅拌均匀，放置一边备用。

2. 拿一个大碗，把黄油和糖打发至光滑的奶油状，加入鸡蛋和香草精继续打发。慢慢混合加入步骤1中的配料，把面团揉成一个个小球。把小球在糖碗中滚一下裹上糖。放在铺有烘焙纸的烤盘上。

3. 在预热到190℃的烤箱中烘焙8~10分钟，或烤至饼干变得金黄。在烤盘上放置2分钟后，将饼干移至金属架子上晾凉。

一块还是两块啊？

红糖

不管它的颜色深还是浅，都是糖浆和糖的混合物。深色的红糖比浅色的红糖含有更多的糖浆，吃起来有更厚重更丰富的味道。烘焙中经常会用到红糖，它可以使水果馅饼、松饼和蛋糕上有一种口味丰富且湿润的脆皮。

有请方糖上场！

1843年，一家位于现捷克共和国的甜菜加工厂里，一名瑞士经理发明了这种一块一块的糖块，叫作方糖。在那之前，人们用糖钳（一对边缘锋利的钳子）夹取从大块糖上切下来的小块糖来泡茶。他们也会把大块的糖放在茶里浸一浸，一次用不完的还会重复使用。

糖粉

也叫糖霜，比砂糖更细腻。它是把砂糖磨成粉制成的，里面还会混合少量的玉米淀粉以防结块。糖粉是制作糖衣和糖果的首选，因为它很容易溶解。它也可以洒在烘焙食品上，作为装饰用。

印度将制糖知识传播到了
中东

中东是横跨亚洲西南部和非洲东北部的一个区域。在中东，阿拉伯化学家改进了制糖工艺，于是中东的人们热情地把糖引入了他们的烹饪之中。他们用糖制作了很多产品，每一个品尝过的人都感觉身心愉悦。从公元6世纪开始，阿拉伯文化通过商旅传播开来，阿拉伯人走到哪里，就会把糖带到哪里。

埃及在公元710年就开始了甘蔗提炼，制糖业是埃及最古老的行业之一。现在，甘蔗和甜菜都是埃及重要的农作物。

土耳其，一个既属于欧洲又属于亚洲的国家，如今也是主要的甜菜生产国之一。

没有蜜蜂的蜂蜜

历史学家认为，是波斯帝国统治者大流士一世将甘蔗带到了中东。公元前510年，大流士一世入侵印度，在那里，他发现了一种"不需要蜜蜂就能产生蜂蜜的芦苇"，便将其带回了他的祖国。

好开心！

你知道吗？土耳其软糖是世界上最古老的糖果之一。传说500年前，一位土耳其苏丹命令厨师为他做一道独一无二的菜。结果厨师做出来的菜便是土耳其软糖，一种用糖、水、明胶和调料做出来的像果冻一样的糖果。传统的软糖品种通常用玫瑰水、橙子或者柠檬调味，里面的馅料可以是水果、开心果等任何东西。数百年来，这种深受大家喜爱的糖果一直是土耳其文化的一部分。

甜蜜的灵感

据说西班牙画家巴勃罗·毕加索每天都吃土耳其软糖，以帮助他聚精会神地工作。法国皇帝拿破仑和英国政治家温斯顿·丘吉尔喜欢吃开心果馅儿的土耳其软糖。

欧洲加入了食糖贸易，包括

荷兰

636年，甘蔗已经从中东传到了欧洲，但糖却是一种昂贵的进口食品，只有有钱的家庭才能负担得起。15世纪，西班牙和葡萄牙的探险家开始征服土地用来种甘蔗。17世纪，荷兰人开始加入进来，食糖生产和贸易使得荷兰进入了繁荣发展的"黄金时代"。

众所周知，荷兰是第三大食糖消费国，荷兰人喜欢吃煎饼和面包等甜味的食物。现如今，荷兰人以种植甜菜的形式生产自己的糖，甜菜是他们国家的主要产品之一。

糖给面团装上了电梯

在酵母面团里加上糖，可以使面团醒发得更快。糖为酵母提供了养分，让它更快地生长。糖也会吸收面团中的一部分水分，所以酵母面包会更柔软细嫩。糖也有助于做出漂亮的棕色面包硬皮。

我会帮你发面！

26

试试这个！

荷兰人制作这种柔软甜面包的时候，会把裹了肉桂粉的糖片做成漩涡状直接放在里面烤。这样的面包很好吃，做起来也简单，最好趁稍微温热时抹上黄油一起吃。

糖面包

分量：1条

配料

1¼杯温的全脂奶	2½ 汤匙黄油	1个鸡蛋	2汤匙白砂糖，分开放
2茶匙植物油，分开放	2¾杯普通面粉	1茶匙肉桂粉	1茶匙盐
1包约7毫升活性干酵母	¾杯比利时珍珠糖或者压碎成小块的方糖		

步骤

1. 在一个小碗里混合1茶匙白砂糖和酵母，搅入温牛奶直至溶解。将其放置在温暖避光的地方10分钟直至产生泡沫。一定要确保牛奶是温热的，如果牛奶太热会杀死酵母，面包就不会发酵了。

2. 在一个小碗里把鸡蛋打散，盛一勺放在另一个碗里，备用。

3. 在一个大碗中融化1½汤匙黄油，把面粉过筛，搅入盐。在面粉中间挖开一个洞，倒入酵母混合液、打散的鸡蛋和融化的黄油，搅拌直至所有配料结合在一起。把面团转移到撒了一层薄面粉的工作台上，揉大概10分钟。直至面团光滑且有弹性。

4. 在一个大碗里面抹上一勺油，把面团放在碗里，翻一下面团使其表面都裹上油。在碗上覆盖塑料保鲜膜或毛巾，在温暖的地方醒发1小时或直至面团变成两倍大。

5. 融化一勺黄油，在一个中等大小的碗里混合黄油、珍珠糖或者方糖块和肉桂。

6. 把醒发好的面团放在撒了一层薄面粉的工作台上，揉成一个长方形。把糖块点缀在面团上，揉搓至糖块和面混合在一起。重复这一步骤，直至把剩下的糖块都揉进面团里。

7. 把剩下的油抹在9寸（22厘米长，17厘米宽）的烤盘上，把剩下的白砂糖撒在烤盘上盖住盘底和盘边。

8. 再一次把面团揉成长方形，将四边向中心折叠成一条。把面团条放在烤盘上，接缝朝下。用一块潮湿的布盖住面包盘，再次醒发约30分钟。

9. 预热烤箱至190℃。轻轻把湿布从烤盘上取下，在面团的表面刷上剩下的蛋液。

10. 烘焙直至面包表面变成金黄色，插入一根牙签拔出来是干净的。此过程大约需35~45分钟。在烤盘中晾10分钟后把面包取出。再稍微冷却一下后切片。

欧洲人种植甘蔗，在北非和

大西洋岛屿

加那利群岛是位于非洲大陆西北海岸外的大西洋中的13座岛屿，隶属于西班牙，普遍种植着甘蔗。

加那利美食中一道具有代表性的甜点是来自于拉帕尔马岛的比恩梅萨贝，是用杏仁、鸡蛋、糖和柠檬做成的，它的名字来源于西班牙语，意思是"对我来说很好吃"。

加那利美食

加那利群岛的美食是西班牙、非洲和拉丁美洲美食融合的产物，也加入了一些关契斯元素。关契斯人是岛上的原住民，历史学家们认为，他们最早是从北非来到加那利群岛的。

葡萄牙殖民者于1425年左右在马德拉群岛上发展了甘蔗种植业，这些火山岛坐落于非洲西北海岸外的大西洋上。甘蔗至今仍是马德拉群岛的主要农作物，该群岛现在属于葡萄牙。

在圣诞节期间，加那利人喜欢吃鳟鱼甜点。这种传统的点心是一种包着红薯和杏仁，上面撒着糖的饺子，因其形状像鱼一样而得名。

只是一勺糖……

刚传入欧洲的时候，糖是稀少而珍贵的。人们把它当作一种药物，一般由药剂师来使用，主要用来给味道不好的药物调味。

我对你的病有好处！

29

英国、法国和荷兰殖民者把甘蔗带到了美洲和
加勒比地区

加勒比群岛，有时也被叫作"糖岛"，它将加勒比海和大西洋分隔开了。英国殖民者1515年在这里建了西半球的第一座糖厂。到了18世纪，加勒比产的甘蔗已经卖到了全世界。因为卖糖赚了很多钱，所以商人们又将它称之为"白色黄金"。

加勒比甘蔗

1453年，意大利领航员克利斯朵夫·哥伦布把甘蔗的插枝带到了加勒比，如今甘蔗已是这一地区的主要农作物。

加勒比菜是非洲、克里奥尔、卡津、美洲土著、欧洲、拉丁美洲、东印度和北印度、中东还有中国菜融合的产物，当然这里也有该地区独一无二的菜肴。

你知道吗？ jerk这个词来源于西班牙语charqui，意思是**干肉**，最早来自南美洲印加人的克丘亚语。干肉是牙买加土著的一种烹饪方式，原指抹酱料腌制的烹饪技巧。

你不想去尝试一下吗！

糖可以使汤汁更浓稠

在一些食物，比如牙买加烤羊肉、咖喱配米饭和鸽子豆的酱汁里加一点糖，可以使它的汤汁的流动性更低，也可使汤汁具有丝滑、浓稠的口感。

不只是甜点——
当美味遇上糖

糖可不仅仅是用来做甜点和糖果的，美味佳肴里加上一点糖可以平衡口味，酱汁里加糖可以在增加酱汁风味的同时，又带上一丝令人惊喜的甜味。

亚洲料理的很多菜里都会用到糖，比如韩国的烤排骨，中国的点心或者锅贴的蘸料、梅子蒜味海鲜酱，泰式面条的罗望子酱，蘸海鲜或者是和越南河粉一起吃的拉差香甜辣椒酱，以及日本烤肉或者烤鱼的照烧酱等。

甜酱

哈瓦酱是一种阿尔及利亚酱料，是用黄油做的，并用肉桂、藏红花和蜂蜜或者糖调味而成，这种酱通常和羊肉一起吃。

糖平衡酸性食物

放醋的酱料，包括烧烤酱、德国酸菜腌料和意大利番茄酱，都有很高的酸含量，加一点糖就可以中和酸性，使酱料吃起来有一种丝滑、明朗的味道。

烧烤酱的起源可以追溯到全球很多地方，经常会用到像红糖这样甜的配料，以使酱汁更浓稠，吃起来有一种好吃的焦糖味。美国的很多地区以他们独有的烧烤酱而自豪，比如北阿拉巴马，密苏里州的堪萨斯城和圣路易斯，田纳西州的孟菲斯城、北卡罗来纳州、加利福尼亚州的圣玛利亚谷以及得克萨斯州。

我会为你展现出甜蜜的一面！

葡萄牙殖民者建立甘蔗种植园，在

巴西

16世纪，葡萄牙殖民者在巴西东北部建立了很大的甘蔗种植园，巴西产的糖给葡萄牙带来了巨大的财富。现在，巴西的甘蔗产量世界领先，而且是原料蔗糖的最大出口国。

在费拉农贸市场里新鲜的甘蔗汁很受巴西人的欢迎。巴西人也经常吃橘子果酱和一种加了糖的、浓稠的番石榴酱。
番石榴是一种热带水果。

软糖

巧克力球是一种和软糖球有点像的传统巴西甜品，是用加了糖的炼乳、可可粉、鸡蛋和黄油做出来的，外面滚上巧克力碎。巧克力球是一道很受欢迎的生日甜食，一般和生日蛋糕一起吃。

嗯，谢谢你，巧克力！

糖使蛋糕变得又轻又软！

许多蛋糕，包括生日蛋糕，都会因添加一些糖而受益。将糖和黄油搅打成奶油状，制作成轻盈柔软的蛋糕。糖的坚硬表面会在面糊中形成气泡，当烘焙面糊时，这些气泡就会膨胀，得到轻盈、蓬松、柔软的蛋糕。

找到另一种制糖方法的
德国

再回到欧洲，甘蔗仍然是一种昂贵的进口货。但是1747年，一位德国化学家发现，甜菜里的糖和甘蔗里的糖是一样的。直到1799年，人们发明了从甜菜中提取糖的实用方法，才使得糖对于绝大多数欧洲人来说变得更加实惠和可用。

你知道吗？ 一小撮糖就可以带走苦味。施瓦比舍土豆沙拉是一种传统的菜肴，产自德国西南部的施瓦本地区。在搭配土豆沙拉的醋汁调料中就加入了少许糖，糖有助于减少苦味，但醋的味道仍然可以散发出来。

我是一个对糖着迷的人！

ZUCKER

是德语里糖的意思。

甜菜大国
法国

如今，法国是世界上第二大甜菜生产国。这始于19世纪，那时候法国皇帝拿破仑一世颁布了一条法令，命令32 000公顷的土地只能用来种植甜菜。

你知道吗？
糖加热到一定的温度就会熔化，这也是制作焦糖布丁的糖皮的原理。焦糖布丁是法国人的最爱，用勺子打破那层硬硬的糖皮，露出下面柔软的奶油蛋羹，享用吧！真好吃！

好吃极了！

对驴好一点！

在圣莱热德佩村，辱骂驴是违法的。如果你骂了驴，就必须用方糖向它道歉。

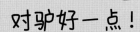

用糖来装饰是一种

甜蜜的景象

糖在美食界扮演着许多角色，因为它简直太多才多艺了！用糖就可以装饰并打造一个视觉盛宴。

液化的焦糖如细雨般洒下可以形成很多形状。当它冷却之后，就会定型。

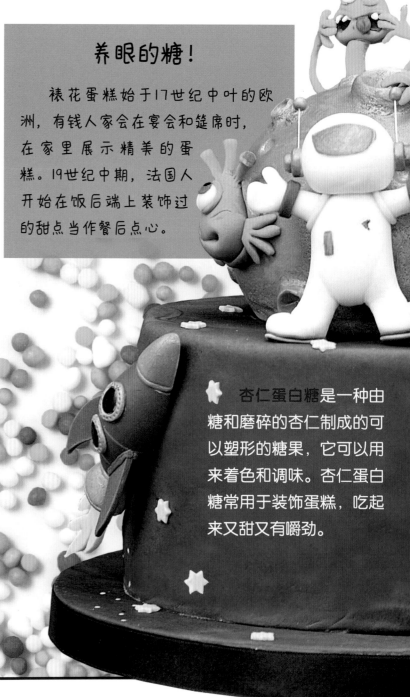

养眼的糖！

裱花蛋糕始于17世纪中叶的欧洲，有钱人家会在宴会和筵席时，在家里展示精美的蛋糕。19世纪中期，法国人开始在饭后端上装饰过的甜点当作餐后点心。

杏仁蛋白糖是一种由糖和磨碎的杏仁制成的可以塑形的糖果，它可以用来着色和调味。杏仁蛋白糖常用于装饰蛋糕，吃起来又甜又有嚼劲。

你知道吗？糖可以被塑造成各种形状。在墨西哥亡灵节期间，人们会将糖做成骷髅的形状，以此来纪念逝去的人们。这些骷髅是用模具做出来的，会涂上明亮的颜色。

甜蜜的视觉盛宴！

一片简简单单的面包，在上面涂上黄油，撒上各色小糖珠——用糖和淀粉制成的小球，就变成了"仙女面包"。仙女面包是澳大利亚的一种常见甜食。

俄罗斯

俄罗斯人喜欢糖，通常会吃很多很多！甜甜圈、甜炼乳、冰激凌和果酱馅儿的煎饼等，都是俄罗斯人最爱吃的用糖做的食物。17世纪，俄罗斯开始种甜菜之前，从埃及进口了大量的蔗糖。

说到糖，你可甜不过俄罗斯的甜菜！

进口的蔗糖花费了大量的金钱，所以19世纪开始，俄罗斯人自己种植甜菜制糖。今天，俄罗斯已是最大的甜菜生产国。

泽菲尔是一种柔软的，入口即化的俄罗斯美食，有点像棉花糖，是用糖、苹果泥和鸡蛋清做的。因其细腻和轻盈的特征而贯以希腊西风之神泽菲尔的名字。

只需要一点点食用明胶，就可以把糖变成蓬松的棉花糖！完成这个食谱会用到温度很高的液体和非常锋利的刀具，请一位成年人来帮助你吧。还会用到一个糖果温度计。

蓬松棉花糖

分量：20~40个

配料

2袋无味食用明胶　　¼杯玉米糖浆　　1½杯糖　　喷雾式的油
⅓杯冰水　　½茶匙香草精　　　　¼杯水　　糖粉

步骤

1. 在一个13寸（32.5厘米长，27厘米宽）的烤盘里铺上箔纸。用多张箔纸把烤盘的长和宽都盖住，箔纸的边缘要比烤盘长出几厘米。轻轻在箔纸上喷上油。
2. 在电动搅拌器的碗中加入⅓杯水，然后把明胶洒在水面上，静置至少15分钟。
3. 在平底锅中搅入糖、¼杯水和玉米糖浆，中火加热。糖熔化之后就停止搅拌。请一位成年人帮忙将其加热并煮开，把糖果温度计放入锅中，当温度达到115℃时，关火。
4. 请成年人帮忙将热液体倒到明胶上，高速打发10~12分钟，直到液体变成不透明的，且膨胀到一满碗。加入香草精混合。
5. 用橡胶铲把棉花糖混合物快速刮到准备好的平底锅中。
6. 用保鲜膜把平底锅包上，静置一晚上或者12~15个小时。
7. 拿掉保鲜膜，把箔纸包着的棉花糖拉出来，放在案板上，撕下箔纸。
8. 请成年人帮忙把棉花糖切成2.5厘米宽的长条，再把长条切成小块。

你知道吗？ 把糖加热到沸点，冷却下来后它就会变得像棒棒糖一样硬。加入玉米糖浆可以降低糖的沸点，就可以做出更松软的棉花糖了。

带着满满的爱从埃及启航

古埃及人早在公元前2000年就率先开始吃这种软软的，我们如今叫作棉花糖的美食了。

食糖产量迎头赶上的
美国

来自加勒比地区的制糖专家帮助路易斯安那州开始了蔗糖生产。1791年，北美大陆的第一家制糖厂在新奥尔良建立。现在，路易斯安那州已经成为美国的蔗糖生产大州之一。美国的蔗糖产量在所有国家中排行第五。

没有什么比苹果派更能代表美国甜点的了！再配上冰激凌和甜的焦糖酱，琥珀色的糖液和冰激凌一起，好吃极了！

糖杯

糖对于路易斯安那州来说实在太重要了，以至于有一项以它命名的体育赛事。从1935年开始，新奥尔良市就一直举办年度大学生糖杯橄榄球赛。

你知道吗？ 焦糖最早是由阿拉伯人在950年左右做出来的。

只要你想我，我就会出现！

试试这个！

用微波炉来制作这款又快又好吃的焦糖爆米花吧！

焦糖爆米花

分量：4人份

配料

2袋爆好的、无味、低钠微波爆米花　　½杯黄油　　½茶匙盐

¼杯淡玉米糖浆　　1杯黑糖　　½茶匙小苏打

步骤

1. 把爆好后晾凉的爆米花放在一个大的纸袋子里。

2. 把黄油、黑糖、玉米糖浆和盐放在一个大的可微波的玻璃碗中，高火微波1分钟。从微波炉里拿出来后搅拌。

3. 把混合物再放入微波炉中高火微波2分钟。取出后，加入小苏打。加入小苏打的时候会起泡，因此要格外小心。所有的配料都混合在一起后，倒入装有爆米花的纸袋中。快速封口，摇晃均匀。

4. 把封口的纸袋子微波1分30秒。取出并摇晃。把袋子放回微波炉中，翻面，再加热1分30秒。取出并摇晃均匀。再次把袋子翻面，微波45秒。取出并再次摇晃。爆米花很烫，把袋子翻面和摇晃的时候要戴上隔热手套。

5. 把爆米花放在无油的饼干纸上晾凉。

谢谢你，玉米！

美国首次生产甜菜糖是在1838年的马萨诸塞州的北安普敦。美国第一家甜菜加工厂建于1870年，在离奥克兰很近的加利福尼亚州的阿尔瓦拉多市。

如今，美国是世界第三大甜菜生产国。位于明尼苏达和北达科他的红河谷是美国最大的甜菜种植区。

甜蜜的诱惑

虽然糖是一种难以抗拒的美食，但还是应该适量食用。在很多食物里可以稍微加一点糖，但是加多了的话会损害身体健康。糖吃多了对人的牙齿不好，也会导致体重增长过多。要注意均衡饮食，避免成为糖的"奴隶"。

上瘾

对糖上瘾通常和不吃饭有关系，甜食不应该取代正餐。

什么是均衡饮食？

营养学家认为，人们每天应该从五种食物群组的每一种中选取一定的分量食用。这五种食物群组分别是：面包、谷物、米和面食（比如通心粉和意大利面）；蔬菜；水果；牛奶、酸奶和奶酪；以及肉类、禽类（鸡肉和火鸡肉）、鱼肉、鸡蛋和坚果。不同的人每种食物所需的量是不一样的，儿童、成年人、老年人和准妈妈们都有不一样的需求。

趣味问答

刚刚跟随糖完成环球旅行之后，你还记得多少知识内容呢？来回答下面这些有趣的问题吧，答案是前面出现过的国家或地区的名称。

1. 哪里生产的甘蔗最多？

2. 哪里生产的甜菜最多？

3. 化学家在哪里发现甜菜中的糖和甘蔗中的糖是一样的？

4. "糖岛"在哪里？

5. 哪里的人们几乎每顿饭都配上果酱般的酸辣酱？

6. 哪里有以糖命名的体育赛事——大学生糖杯橄榄球赛？

7. 哪里的人们会吃鳟鱼甜点？

8. 甘蔗最初是在哪里种植的？

9. 作为世界上最古老的糖果之一，土耳其软糖产自哪里？

10. 哈罗哈罗是哪里的特色冰激凌？

答案：

1. 巴西   2. 俄罗斯   3. 德国

4. 加勒比海地区   5. 印度   6. 美国

7. 西萨摩亚   8. 南非   9. 土耳其

10. 菲律宾

词汇表

蛋白酥皮：一种将加糖的蛋白打发至发硬状态时形成的泡沫结构，通常是甜甜的。

花蜜：很多花朵中含有的一种甜甜的液体。

干肉：把肉切成长条在太阳下晾干。

焦糖：褐色或者烧焦的糖，用来给食物上色和调味。

焦糖化：加热使糖熔化变成褐色的焦糖。

炼乳：（也叫作甜炼乳）通过蒸发全脂牛奶中的水分，并加糖做出来的一种浓稠的甜牛奶。

棉花糖：一种白色、柔软的像海绵一样的糖，外面覆盖着糖粉。它是用玉米糖浆、糖、淀粉和明胶做成的。

酸辣酱：用水果、香草、辣椒和其他佐料做成的调味品。

糖厂：制糖的工厂，例如专门从甘蔗中榨出汁液的地方。

碳水化合物：碳水化合物由碳、氢和氧组成，糖和淀粉都属于碳水化合物。

土耳其软糖：一种像果冻一样的糖果，一般是块状的，外面裹着糖粉，是用糖、水、明胶和调味剂做出来的。

杏仁蛋白糖：一种由磨碎的杏仁和糖制成的糖果，可以被塑造成不同的形状。

汁液：在植物中循环的液体，为植物提供水和食物等。

蔗糖：普通食糖的主要成分。

离别是甜蜜的悲伤！

温馨提示

在厨房处理食物时，请牢记这些提示，以确保你的烹饪工作顺利、安全地进行。
接下来，享用你制作的美味佳肴吧！

- 在开始准备食物之前、在接触过生鸡蛋或肉之后，都需要清洗双手。
- 彻底清洗水果和蔬菜。
- 处理火锅、平底锅或托盘时，请戴上烤箱手套。
- 使用刀具、燃气灶或烤箱时，请成年人来帮忙。

版权贸易合同登记号　图字：01-2022-6725

图书在版编目（CIP）数据

一脚踏进美食世界. 糖 / 美国世界图书出版公司著 ; 柳玉译. -- 北京 : 电子工业出版社, 2023.6
ISBN 978-7-121-45274-1

Ⅰ.①一… Ⅱ.①美… ②柳… Ⅲ.①食糖－少儿读物 Ⅳ.①TS2-49

中国国家版本馆CIP数据核字(2023)第071430号

责任编辑：温　婷
印　　刷：天津图文方嘉印刷有限公司
装　　订：天津图文方嘉印刷有限公司
出版发行：电子工业出版社
　　　　　北京市海淀区万寿路 173 信箱　邮编：100036
开　　本：889×1194　1/16　印张：24　字数：202 千字
版　　次：2023 年 6 月第 1 版
印　　次：2023 年 6 月第 1 次印刷
定　　价：208.00 元（全 8 册）

凡所购买电子工业出版社图书有缺损问题，请向购买书店调换。若书店售缺，请与本社发行部联系，联系及邮购电话：(010) 88254888 或 88258888。

质量投诉请发邮件至 zlts@phei.com.cn，盗版侵权举报请发邮件至 dbqq@phei.com.cn。

本书咨询联系方式：(010) 88254161 转 1865，dongzy@phei.com.cn。